T/CAGHP 037—2018

目　次

前言 ··· Ⅲ
引言 ··· Ⅴ
1 范围 ··· 1
2 规范性引用文件 ··· 1
3 术语和定义 ··· 1
4 基本规定 ·· 3
　4.1 一般规定 ·· 3
　4.2 资料收集 ·· 4
　4.3 爆破器材 ·· 4
　4.4 起爆方法与起爆网路 ··· 4
5 施工组织设计 ·· 6
　5.1 一般规定 ·· 6
　5.2 准备工作与编制施工组织设计依据 ·· 7
　5.3 编制内容和方法 ··· 7
6 安全防护工程 ·· 8
　6.1 一般规定 ·· 8
　6.2 安全防护工程施工 ·· 9
7 爆破试验 ·· 9
　7.1 一般规定 ·· 9
　7.2 主要爆破试验方法 ·· 9
8 爆破工程施工 ··· 10
　8.1 露天爆破施工 ··· 10
　8.2 光面爆破和预裂爆破施工 ·· 12
　8.3 静态破裂施工 ··· 14
　8.4 裸露药包施工 ··· 15
9 爆破监测 ··· 15
　9.1 一般规定 ··· 15
　9.2 监测方案 ··· 15
　9.3 现场调查与观测 ·· 15
　9.4 质点振动监测 ··· 16
　9.5 冲击波及噪声监测 ··· 17
　9.6 监测成果整理与分析 ·· 17
10 验收 ··· 17
附录A（规范性附录） 常用爆破器材类型和性能 ··· 18
附录B（规范性附录） 起爆网路敷设图 ·· 22

Ⅰ

附录 C（规范性附录） 人员配备要求 …… 24

附录 D（规范性附录） 机械配备要求 …… 25

前　言

本规程按照 GB/T 1.1—2009《标准化工作导则　第 1 部分：标准的结构和编写》给出的规则起草。

本规程附录 A、B、C、D 均为规范性附录。

本规程由中国地质灾害防治工程行业协会提出和归口。

本规程起草单位：重庆市爆破工程建设有限责任公司、中国爆破行业协会、山东大学、重庆建工集团股份有限公司、重庆城建控股（集团）有限责任公司、重庆交通大学、重庆市基础工程有限公司。

本规程主要起草人：孟祥栋、汪旭光、李术才、汪龙、龚文璞、李利平、杨寿忠、陈代耘、高荫桐、唐先泽、张庆明、张学富、黄明奎、江保富、赵勇。

本规程由中国地质灾害防治工程行业协会负责解释。

引 言

为了规范危岩、滑坡等崩塌滑坡灾害爆破治理工程施工,加强崩塌滑坡灾害爆破治理工程施工质量与安全管理、统一验收,并在施工中做到技术先进、经济合理、节能环保、保障安全,在现有国家相关标准的基础上,制定本规程。

崩塌滑坡灾害爆破治理工程施工技术规程（试行）

1 范围

本规程规定了危岩、滑坡等崩塌滑坡灾害爆破治理工程施工方案、方法、工艺、组织和技术要求。
本规程适用于危岩、滑坡等崩塌滑坡灾害治理工程的爆破施工。

2 规范性引用文件

下列文件对于本规程的应用是必不可少的。文件中的条款通过本规程的引用而成为本规程的条款。其最新版本（包括所有的修改单）也适用于本规程。

GB 6722　爆破安全规程
GB 50201　土方与爆破工程施工及验收规范
GB/T 32864　滑坡防治工程勘查规范
DZ/T 0219　滑坡防治工程设计与施工技术规范
DZ/T 0221　崩塌、滑坡、泥石流监测规范
GA 53　爆破作业人员资格条件和管理要求
GA 990　爆破作业单位资质条件和管理要求
GA 991　爆破作业项目管理要求
JTS 204　水运工程爆破技术规范
YSJ 401　土方与爆破工程施工操作规程

3 术语和定义

下列术语和定义适用于本规程。

3.1

崩塌滑坡灾害 hazard of rockfall and landslide
自然因素或者人为活动引发的、危害人类生命和财产安全的山崩、崩落、滑坡等与地质作用有关的灾害。

3.2

危岩 rockmass prone to rockfall
被多组结构面切割分离，稳定性差，可能以倾倒、坠落或塌滑等形式发生崩塌的地质体。

3.3

滑坡 landslide
斜坡上的土体或者岩体，在重力等因素作用下，沿一定的软弱面或者软弱带，产生以水平运动为主的滑移破坏，整体顺坡向下运动的地质现象。

3.4

爆破作业 blasting

利用炸药的爆炸能量对介质做功,以达到预定工程目标的作业。

3.5

爆破作业单位 blasting unit

依法取得爆破作业单位许可证后,从事爆破作业的单位,分非营业性和营业性两类。非营业性爆破作业单位是指为本单位的合法生产活动需要,在限定区域内自行实施爆破作业的单位;营业性爆破作业单位是指具有独立法人资格,承接爆破作业项目设计施工、安全评估、安全监理的单位。

3.6

爆破作业人员 blasting personnel; personnels engaged in blasting operations

从事爆破作业的爆破工程技术人员、爆破员、安全员和保管员。

3.7

爆破作业环境 blasting circumstance

泛指爆破区及其周围影响爆破安全的自然条件、环境状况。

3.8

爆破器材 blasting materials and accessories; blasting supplies

工业炸药、起爆器材和器具的统称。

3.9

爆破参数 blasting parameters

爆破介质与炸药特性、药包布置、炮孔的孔径和孔深、装药结构及起爆药量等影响爆破效果因素的统称。

3.10

起爆网路 firing circuit; initiating circuit

向多个起爆药包传递起爆信息和能量的系统,包括电雷管起爆网路、导爆管雷管起爆网路、导爆索起爆网路、混合起爆网路和数码电子雷管起爆网路等。

3.11

工业数码电子雷管 industrial digital electronic detonator

采用电子控制模块对起爆过程进行控制的电雷管,简称电子雷管。

3.12

电力起爆法 electric initiation

利用电能引爆电雷管进而直接或间接(通过其他起爆方法)起爆工业炸药的起爆方法。

3.13

导爆管起爆法 detonating with exploding tube

利用导爆管传递冲击波点燃雷管,进而直接或通过导爆索起爆法起爆工业炸药的起爆方法。

3.14

导爆索起爆法 detonating fuse blasting

利用雷管激发导爆索,通过导爆索的炸药芯药传递爆轰并引爆工业炸药的起爆方法。

3.15

台阶爆破 bench blasting

开挖面呈阶梯形状,采用延时爆破的爆破作业方式。

3.16
光面爆破 smooth blasting

沿开挖边界布置密集爆破孔,采用不耦合装药或装填低威力炸药,在主爆区之后起爆,从而形成平整轮廓面的爆破作业方式。

3.17
预裂爆破 presplitting blasting

沿开挖边界布置密集爆破孔,采取不耦合装药或装填低威力炸药,在主爆区之前起爆,从而在爆区与保留区之间形成预裂缝,以减弱主爆孔爆破对保留岩体的破坏,并形成平整轮廓面的爆破作业方式。

3.18
静态爆破 soundless cracking

利用静态破碎剂的水化反应体积膨胀对约束体作用而产生破坏做功的破岩技术。

3.19
振动速度 particle vibration velocity

在地震波作用下,介质质点往复运动的速度。

3.20
爆破有害效应 adverse effects of blasting

爆破时对爆区附近保护对象可能产生的有害影响。如爆破引起的振动、个别飞散物、空气冲击波、噪声、水中冲击波、动水压力、涌浪、粉尘、有害气体等。

3.21
爆破安全监测 blasting safety monitoring

采用仪器设备等手段对爆破施工过程及爆破引起的有害效应进行测试与监控。

4 基本规定

4.1 一般规定

4.1.1 承接崩塌滑坡灾害爆破治理工程的爆破施工企业,应取得公安机关核发的爆破作业单位许可证,并按其资质等级承接爆破作业项目;爆破作业人员应按照其资格等级从事对应的爆破作业。

4.1.2 崩塌滑坡灾害爆破治理工程应由符合《爆破作业单位资质条件和管理要求》(GA 990)要求的具有相应资质的爆破作业单位进行安全监理;承担爆破安全监理的人员应持有相应的安全作业证。

4.1.3 崩塌滑坡灾害治理爆破全过程应由业主委托具有相应资质的第三方按评审通过的爆破方案实施监测并做好施工过程的监测预警。

4.1.4 爆破施工前,应由符合《爆破作业单位资质条件和管理要求》(GA 990)要求的具有相应资质的爆破作业单位对各崩塌滑坡灾害体安全性及爆破施工风险程度进行安全评估;爆破作业施工单位应根据安全评估结果采取经验收合格的安全防护工程措施和备有相应的应急预案后方可施工。

4.1.5 崩塌滑坡灾害治理工程中应急抢险爆破可在采取安全保障措施情况下,由应急抢险指挥长批准后即可施工。

4.1.6 在爆破治理施工前,当具备条件时,可进行分区爆破试验以优化爆破参数,控制合理的大块率及爆破振动,降低爆破有害效应。

4.1.7 爆破治理施工前,应有相应资质单位设计的爆破设计方案、安全评估方案和施工方案。

4.2 资料收集

4.2.1 收集按设计委托书或合同书要求的勘测任务书。勘测任务书的内容应当包括：
    a) 爆破对象的形态,包括爆区地形图及现场实测、复核资料等；
    b) 爆破对象的结构与性质,包括爆区地质图；
    c) 影响爆破效果的不良地质条件；
    d) 爆破有害效应影响区域内保护物的分布图。

4.2.2 收集设计人员的现场踏勘调查报告、试验工程总结报告、当地类似工程的总结报告、现场试验与检测报告以及崩塌滑坡灾害安全评估报告。

4.2.3 收集通过安全评估的爆破设计文件、标准技术设计文件、设计修改补充文件。设计文件应包括以下内容：
    a) 工程概况,包括爆破对象、爆破环境概述及相关图纸,爆破工程的质量、工期、安全要求；
    b) 爆破技术方案,即方案比较、选定方案的钻爆参数及相关图纸；
    c) 起爆网路设计及起爆网路图；
    d) 安全设计及防护、警戒图；
    e) 复杂环境爆破技术设计制定的应对复杂环境的方法、措施及应急预案等。

4.3 爆破器材

4.3.1 崩塌滑坡灾害爆破治理工程施工所用爆破器材应根据使用条件选用,并符合国家标准和行业标准。崩塌滑坡灾害爆破施工常用爆破器材的类型、性能见附录A。爆破作业前应对爆破器材进行检查,严禁使用过期、出厂日期不明和质量不合格的爆破器材,严禁擅自配置炸药。

4.3.2 爆破器材的购买、运输、储存、收发、检验、加工和销毁等应符合现行国家标准《爆破安全规程》(GB 6722)的规定。

4.3.3 预裂爆破、光面爆破宜采用低猛度、高爆力的炸药。

4.3.4 各种起爆器和用于检测电雷管与爆破网路电阻的爆破专用欧姆表、爆破电桥等爆破仪表,应在爆破施工前进行检定。

4.4 起爆方法与起爆网路

4.4.1 一般规定

4.4.1.1 药包起爆应采用电力起爆法、导爆管起爆法、导爆索起爆法、电子雷管起爆法等起爆方法。

4.4.1.2 多药包起爆应连接成导爆索网路、导爆管网路、电起爆网路或电子雷管起爆网路起爆,必要时也可连接成复式网路起爆。具体连接形式可参考附录B。

4.4.2 电力起爆与电爆网路

4.4.2.1 同一电爆网路应使用同厂、同型号、同批次的电雷管,各雷管间电阻差值不得大于产品说明书的规定。对表面有压痕、锈蚀、裂缝,脚线绝缘损坏、锈蚀,封口塞松动、脱出的电雷管严禁使用。

4.4.2.2 电爆网路由电雷管、导线、起爆电源和测量仪表组成。使用于同一起爆网路的电雷管的桥丝特性和桥丝电阻值应基本相等,其桥丝电阻上下限差值不大于0.3 Ω。

4.4.2.3 检测电雷管和电爆网路电阻时,须使用专门的爆破仪表,其工作电流值不得大于30 mA。

严禁使用普通电桥量测电雷管和电爆网路。

4.4.2.4 电爆网路应采用绝缘电线,其绝缘性能、线芯截面积应符合爆破设计要求。

4.4.2.5 起爆电源功率应能保证全部电雷管按时准爆,流经每个电雷管的电流应符合:交流电不小于2.5 A,直流电不小于2.0 A。

4.4.2.6 使用单个电雷管起爆时,电阻值应在规定范围内。使用成组电雷管起爆时,每个电雷管的电阻差值不应大于产品说明书的要求;当使用电雷管进行大规模成组起爆时,宜把电阻值相近的电雷管编在一起,并使各组电阻值取得平衡。

4.4.2.7 采用交流电起爆时,须安设独立起爆开关,并将它安设在上锁的专用起爆箱内。起爆开关钥匙在整个爆破作业期内由指定爆破员保管,不得转交他人。

4.4.2.8 电爆网路的连接须在全部炮孔装填完毕和无关人员全部撤离到安全范围后,由工作面向起爆站依次进行。导线连接时,应将线芯表面擦净,接点须连接牢固,绝缘良好,相邻两线的接点应错开100 mm以上。

4.4.2.9 爆破区内运入起爆药包前,须划定作业安全区并拆除区域内一切电源,安全范围由爆破方案确定。

4.4.2.10 起爆前应检测电爆网路的总电阻值。总电阻值符合设计要求时,方可与起爆装置连接。

4.4.2.11 起爆后应立即切断电源,使主线短路。使用瞬发电雷管起爆时应在切断电源后再保持短路5 min后再进入现场检查;采用延期电雷管时,应在切断电源后再保持短路15 min后再进入现场检查。

4.4.3 导爆管雷管起爆与导爆管起爆网路

4.4.3.1 导爆管应使用专用起爆器、雷管或导爆索起爆;用雷管起爆导爆管采用反向起爆方式,导爆管应均匀地绑扎在雷管周围并用绝缘胶布绑扎牢固,导爆管端头距雷管不得小于150 mm。

4.4.3.2 敷设导爆管网路时,不得将导爆管拉紧、对折或打结,炮孔内不得有接头。导爆管表面有损伤或管内有杂物时,不得使用。

4.4.3.3 使用导爆索起爆导爆管网路时,应采用直角连接方式。

4.4.3.4 导爆管网路应按下列规定执行:
   a) 同一起爆网路的导爆管、雷管应使用同厂、同型号、同批次的产品;
   b) 起爆导爆管的雷管聚能穴方向与导爆管的传播方向相反;
   c) 采用接力起爆网路,孔外应采用低段位雷管传爆,孔内应采用高段位雷管起爆;
   d) 在多排接力起爆网路中,应在前、后排雷管间采取措施,避免多排接力网路出现串段、重段;
   e) 采用复式起爆网路,每个炮孔内应放置两个同样段位的起爆雷管,分别与两套起爆网路连接;
   f) 采用导爆管网路进行孔外延时传爆时,其延长时间须保证前一段网路引爆后不破坏相邻或后续各段网路;
   g) 爆后应从外向内、从干线至支线进行检查,发现拒爆应按规定处理;
   h) 网路内的导爆管,应无破口、弯折,炮孔内不宜有接头,孔外相邻的传爆雷管之间应留有足够的距离。

4.4.4 导爆索起爆与导爆索起爆网路

4.4.4.1 导爆索起爆网路由普通导爆索、继爆管和雷管组成,其中导爆索和继爆管组成网路,网路需用雷管引爆。

4.4.4.2 导爆索的连接方法须严格执行出厂说明书的相关规定。可采用搭接、扭接、水手结、"T"形结等方法连接,严禁切割接上雷管或已插入药包的导爆索。当采用搭接时,其搭接长度不应小于150 mm,中间不得夹有异物和炸药卷,捆绑应牢固。当采用继爆管连接时,应保证前一段网路爆破时,不得损坏其后各段的网路。

4.4.4.3 当导爆索支线与主线采用搭接连接时,从接点起沿传爆方向的支线与主线的夹角应小于90°。

4.4.4.4 导爆索的敷设应避免打结、擦伤破损,如须交叉时,应用厚度不小于100 mm的木质垫块隔开。导爆索平行敷设的间距不得小于200 mm。

4.4.4.5 导爆索可由炸药、电雷管或导爆管雷管引爆。用雷管引爆导爆索时应采用双发雷管,且应在距导爆索末端不小于150 mm处捆扎,雷管聚能穴应朝向导爆索传爆方向。

4.4.4.6 城镇或对冲击波敏感的爆破环境,严禁采用裸露导爆索传爆网路。

4.4.5 电子雷管及起爆网路

4.4.5.1 电子雷管具有专用的起爆控制系统,应使用配套的专用起爆器起爆。

4.4.5.2 电子雷管网路除应遵守普通电雷管电力起爆网路规定外,还应遵守以下规定:
   a) 同一网路应使用同一厂家的电子雷管,以及配套的起爆器、网路连接线、设计软件等;
   b) 电子雷管接线卡的焊脚不得脱焊、短路等;
   c) 现场应按照爆破网路图上已标注的每个孔的编号进行标识;
   d) 电子雷管注册前,应在爆破网路图上已标注的每个孔的编号和延期时间上加注雷管注册编号;
   e) 采用孔外或孔内方式对雷管进行注册,注册后应在雷管标签上书写注册编号,起爆器内的注册编号和雷管标签上书写的编号应相同;注册时设定的雷管延期时间与爆破网路图上的对应孔的延期时间应相同;
   f) 将子网路连接形成主网路后,应通过专用设备检测主网路;
   g) 电子雷管起爆器的使用环境应与其要求的环境条件一致,起爆器的起爆数量应不大于其起爆额定数量;使用前应检查起爆器的电压,起爆时不得低于规定的最低起爆电压。

5 施工组织设计

5.1 一般规定

5.1.1 为了确保崩塌滑坡灾害爆破防治工程的质量、安全和效率,开工前须编制切实可行的施工组织设计。

5.1.2 施工组织设计由施工单位编写,编写负责人所持爆破工程技术人员安全作业证的等级和作业范围应与施工工程相符合。

5.1.3 施工组织设计应依据相关现行规范、标准或规程和爆破治理技术设计、招标文件、施工单位现场调查报告、业主委托书、招标答疑文件等进行编制。

5.1.4 应当将施工勘查作为治理工程的工作内容,并在施工组织设计中采取有效的措施来保证实施。

5.1.5 爆破工程施工组织设计应包括的内容如下:
   a) 施工组织机构及职责;

b) 施工准备工作及施工平面布置图；
c) 施工人、材、机的安排及安全、进度、质量保证措施。其中人员配备要求可参照附录C，机械配备要求可参照附录D；
d) 爆破器材管理、使用安全保障；
e) 文明施工、环境保护、预防事故的措施及应急预案。

5.1.6 设计施工由同一爆破作业单位承担的爆破工程，允许将施工组织设计与爆破技术设计合并。

5.1.7 崩塌滑坡灾害爆破治理工程的施工，应根据施工的难度，安排分段施工。

5.2 准备工作与编制施工组织设计依据

5.2.1 编制施工组织设计前，应做好下列准备工作：
a) 收集崩塌滑坡灾害勘察报告、可行性研究报告和设计图纸，熟悉爆破治理设计图纸的依据、目的和内容；
b) 研究崩塌滑坡灾害爆破治理工程施工合同；
c) 调查崩塌滑坡灾害体、场地的自然条件与环境条件等，为编制现场施工组织设计提供依据；
d) 施工现场场地应结合崩塌滑坡灾害的规模、治理工期、地形特点、水源等情况进行合理布置；
e) 爆破器材库、油库的位置，应符合有关规定；
f) 临时工程应满足安全和便于施工活动正常开展的需要；
g) 现场调查与工程的实施相关的当地主要建筑材料、设备及特种物质的生产与供应情况。

5.2.2 施工人员、材料和设备的准备应符合下列规定：
a) 从事崩塌滑坡灾害爆破治理工程施工的各类特殊岗位人员均应持证上岗；
b) 爆破施工前应对施工人员进行安全培训和安全、技术交底；
c) 应做好工程所需材料的选择和相关检测、试验工作；
d) 应配备满足工程需要的施工设备和仪器，并完成相应检定工作。

5.2.3 编制施工组织设计依据如下：
a) 计划文件，包括崩塌滑坡灾害主管部门批准的崩塌滑坡灾害治理计划文件、防治工程项目情况、工程所在地主管部门的批件，以及施工任务书等；
b) 技术文件，包括本工程的全部施工图纸、说明书、会审记录以及所需的标准图等；
c) 工程预算中的分部、分项工程量等；
d) 崩塌滑坡灾害勘查报告以及施工现场的地形图测量控制网；
e) 与工程有关的国家和地方法规、规定、施工验收规范、质量标准、操作规程和预算定额；
f) 与工程有关的新技术、新工艺和类似工程的经验资料。

5.3 编制内容和方法

5.3.1 施工组织设计的内容应包括编制依据、工程概况、施工部署和施工方案、施工安全措施、崩塌滑坡灾害爆破治理的施工方法、施工进度计划、各项资源需要量计划、施工平面图、主要技术措施、技术经济指标等。

5.3.2 根据工程量，工期要求，材料、机具和劳动力的供应情况，结合现场情况拟定施工方案，编制计划网络图。

5.3.3 施工方法应根据各分部、分项工程的特点选择，着重于施工的机械化、专业化。对新材料、新工艺和新技术,应说明其工艺流程。明确保证工程质量和安全的技术措施。

5.3.4 应在满足安全、质量和工期要求的情况下,确定施工顺序,划分施工项目和流水作业段,计算工程量,确定施工项目的作业时间,组织各施工项目间的衔接关系,编制进度图表。

5.3.5 施工组织设计中应对各项资源需要量进行计划,包括材料、构件和加工半成品、劳动力、机械设备等,编制资源需要量计划表。

5.3.6 施工平面图应标明工程所需的施工机械场地、加工场地、材料等的堆放场地和水电管网与公路运输、防火设施等的合理位置。

5.3.7 根据工程特点和工期,制定切实可行的保证工程质量、安全、进度、雨季施工等的具体措施。

5.3.8 为便于工程的实施,应在施工组织设计中提出临时设施计划,包括工地临时房屋、临时供水、临时供电等设施。

5.3.9 危岩、滑坡等地质情况复杂地段,施工组织设计中可根据其勘查、设计及现场调查情况,提出可能出现的灾害和变更情况,并提出解决措施及应急预案。

5.3.10 对于一级防治工程,应在施工组织设计中明确施工勘查的目的、依据、任务、工作量和勘查方法,采取措施保证施工勘查所得崩塌滑坡灾害信息和可能的变更措施及时反馈给设计人员。

5.3.11 对于欠稳定的致灾地质体等在施工期间可能发生地面开裂、变形加剧等紧急险情,应编制抢险预案。

6 安全防护工程

6.1 一般规定

6.1.1 施工单位在爆破施工过程中应贯彻执行"安全第一,预防为主"的原则,并结合实际情况,分级制定各项规章制度。

6.1.2 施工单位在爆破施工前,应对崩塌滑坡灾害体在施工中的安全性进行评价。对在施工中存在风险的崩塌滑坡灾害体,应采取可靠的临时安全防护措施,以确保施工中作业人员和设备的安全。

6.1.3 设计中的安全防护工程须严格施工,其施工质量、验收应遵守国家、行业等相关规范或规程。

6.1.4 安全防护工程须达到设计强度并在崩塌滑坡灾害爆破治理工程施工期内,满足耐久性和强度的要求。通过验收后方可进行爆破施工。

6.1.5 爆破施工前的安全防护工作应包括下列内容:
   a) 编制安全防护工程施工方案;
   b) 检查爆破作业设备技术性能;
   c) 制定爆破危险区内设备、管线和建(构)筑物的安全防护措施;
   d) 设立爆破危险区边界警戒标志和信号;
   e) 调查爆破区附近建筑物、不良地质现象,检测杂散电流等。

6.1.6 夜间不宜进行爆破,确需进行爆破时,须有可靠的安全措施和足够的照明设备。

6.1.7 大雾时不得进行爆破,遇雷雨时应立即停止爆破作业,并迅速将人员撤至安全地点。

6.1.8 从事爆破作业和进入爆破器材库房、加工房、堆场的人员不得穿戴化纤衣物、铁钉鞋及携带火种、通信设备。

6.1.9 爆破作业前应发布爆破通告,其内容应包括爆破地点,每次爆破起爆时间、安全警戒范围、警戒标志和起爆信号。

6.1.10 崩塌滑坡灾害爆破治理工程施工期间,应安排专职安全人员巡视或监测爆破施工区域的稳定状态。

6.1.11 复杂环境的崩塌滑坡灾害爆破治理工程施工应制定应对复杂环境的方法、措施及爆破安全防护工程施工的应急预案。应急预案宜包括以下内容：
 a) 应急预案编制的目的、依据和适用范围；
 b) 工程概况；
 c) 重要风险源辨识和风险评价；
 d) 风险源监控及预控措施；
 e) 应急救援预案，主要包括救援组织机构及其职责和分工、应急救援预案启动条件、应急救援资源配备、应急救援响应及救援程序、应急救援终止及现场恢复等；
 f) 应急救援演练。

6.2 安全防护工程施工

6.2.1 崩塌滑坡灾害爆破治理工程施工中，应根据工程周围环境条件、灾害体危险等级等，可采用拦石槽、拦石墙、拦石网等安全防护工程。

6.2.2 崩塌滑坡灾害爆破治理工程施工中安全防护工程应按设计文件、规程、标准执行。

6.2.3 崩塌滑坡灾害爆破治理工程施工中安全防护工程施工质量应满足《地质灾害治理工程竣工验收规程》（T/CAGHP 083—2018）和《地质灾害治理工程施工质量评定检验标准》（T/CAGHP 084—2018）中的相关规定和要求。

7 爆破试验

7.1 一般规定

7.1.1 崩塌滑坡灾害爆破治理工程试验宜编制爆破试验大纲，评审通过后应进行爆破试验。爆破试验大纲宜包括以下主要内容：
 a) 爆破试验的目的、内容以及时间和地点；
 b) 爆破试验的组织机构、成员及职责；
 c) 爆破试验程序及爆破施工方法；
 d) 爆破试验资源配置及爆破试验方法；
 e) 爆破试验监测及爆破效果评价。

7.1.2 崩塌滑坡灾害爆破治理工程试验应根据需要进行下列试验：
 a) 爆破网路试验；
 b) 爆破振动速度测试；
 c) 爆破冲击波试验；
 d) 其他有关试验内容。

7.2 主要爆破试验方法

崩塌滑坡灾害爆破治理工程爆破参数试验宜按下列方法进行：
 a) 根据拟治理的崩塌滑坡灾害类型、周围环境等条件选定爆破试验地点。
 b) 按爆破设计文件的爆破参数、崩塌滑坡灾害类型、机械设备类型，确定爆破试验参数组数，爆破试验组数宜不小于3组，并确定爆破效果的控制监测指标。

c) 根据各组设计的保护层爆破试验参数进行爆破试验,并监测各组爆破试验过程中的各个控制指标。

d) 进行爆破试验效果分析与评价,如飞石、爆堆、噪声等的评价,调整爆破试验参数,确定崩塌滑坡灾害治理中爆破参数,如孔深、孔径与孔距、线装药密度、不耦合系数、填塞长度等之间的关系,避免爆破对周围环境、建筑物造成影响和破坏。

e) 对爆破试验、监测等资料中期整理汇总,进行统计分析,对下一步爆破试验方案的爆破试验参数进行修正。

f) 全部爆破试验结束后,爆破试验小组组长对最终爆破试验结果进行整理汇总、分析,并报送现场执行工程师,为最终崩塌滑坡灾害治理爆破施工的爆破参数修正提供参考。

8 爆破工程施工

8.1 露天爆破施工

8.1.1 露天爆破按孔径、孔深的不同可分为深孔爆破和浅孔爆破。

8.1.2 深孔爆破宜符合下列规定:

a) 深孔爆破应采用台阶爆破,在台阶形成前进行爆破作业时应加大警戒范围。

b) 台阶高度依据崩塌滑坡灾害体地质情况、爆破开挖条件、钻孔机械、装载设备匹配及经济合理性等因素确定。当孔径 $D(mm)$ 确定时,台阶高度 $H(m)$ 与孔径的关系宜为:
$$H \geqslant D/(0.060 \sim 0.065) \quad \cdots\cdots\cdots\cdots\cdots\cdots (1)$$

c) 孔径依据钻机类型、台阶高度、岩石性质和作业条件等因素确定,孔径的误差不得大于 $\pm 8\%$;底盘抵抗线应依据岩石性质、炮孔深度、炸药性能、起爆形式经过计算或试爆确定。

d) 炮孔深度依据岩石性质、台阶高度和底盘抵抗线等因素确定,钻孔超深可按 $(0.15\sim 0.35)H(m)$ 估算;国内经验值为 $0.5\ m \sim 3.6\ m$,后排超深值一般比前排小 $0.5\ m$;钻孔深度误差不得超过 $\pm 2.5\%$ 的炮孔设计深度;钻孔方向的偏斜不得超过设计方向 $1°$。

e) 采用两排及以上炮孔爆破时,宜采用宽孔距窄排距的三角形布孔方式。孔距 a 可按下式确定:
$$a = mW_1 \quad \cdots\cdots\cdots\cdots\cdots\cdots (2)$$
$$W_1 = kD \quad \cdots\cdots\cdots\cdots\cdots\cdots (3)$$

式中:

m——炮孔密集系数,宜取 $1.4 \leqslant m \leqslant 2.0$,对于第一排孔,宜取 $1.0 \leqslant m \leqslant 1.4$;

W_1——底盘抵抗线,单位为毫米(mm);

k——底盘抵抗线系数,宜取值 $25 \sim 45$;

D——钻孔孔径,单位为毫米(mm)。

f) 炮孔装药后应进行堵塞,堵塞长度 h 可按下式确定:
$$h = (0.8 \sim 1.0)W_1 \quad \cdots\cdots\cdots\cdots\cdots\cdots (4)$$

8.1.3 浅孔爆破宜符合下列规定:

a) 浅孔爆破台阶高度不宜超过 $5\ m$,孔径宜在 $50\ mm$ 以内,底盘抵抗线应依据岩石性质、炮孔深度、炸药性能、起爆形式经过计算或试爆确定;

b) 浅孔爆破堵塞长度宜为炮孔最小抵抗线的 $80\% \sim 100\%$,夹制作用较大的岩石宜为最小抵抗线的 $1.00 \sim 1.25$ 倍;

c) 浅孔爆破应避免最小抵抗线与炮孔孔口在同一方向,孔深小于 0.5 m 的崩塌滑坡灾害爆破治理,应采用倾斜孔,倾角宜为 45°~75°。

8.1.4 台阶爆破施工工艺流程:施工准备→钻孔→装药→填塞→起爆网路连接→起爆→爆后检查。

8.1.5 钻孔爆破前,根据施工区特点,安排机械进行表土、杂物清除,风化层剥离,为爆破施工创造有利条件。

8.1.6 崩塌滑坡灾害爆破治理工程钻孔用机械根据工程周围环境条件、灾害体危险等级等宜采用切削式钻机,避免使用冲击式机械钻孔。

8.1.7 根据崩塌滑坡灾害情况,可采取自上而下浅孔台阶分层钻爆、深孔一次性钻爆、浅孔与深孔相结合的钻爆,较大作业面可分区钻爆;采用立体作业时,应有可靠的安全防护工程措施。

8.1.8 炮孔的位置、角度和深度应符合设计要求,钻孔前应检查布孔区内有无盲炮,确认作业环境安全后方可进行钻孔作业,严禁钻入爆破后的残孔。装药前应清除炮孔中的泥浆或岩粉。

8.1.9 在装药前应进行炮孔的验收与保护,并做好记录。炮孔的验收内容主要有:
a) 炮孔深度、垂直度和孔网参数;
b) 第一排各炮孔的抵抗线;
c) 孔中含水情况等。

8.1.10 每个炮孔钻完后应立即将孔口用木塞或塑料塞堵好并将孔口岩石清理干净。炮孔验收过程中发现堵孔或深度不够,应及时进行补孔。在补孔过程中,应注意周边炮孔的安全,保证所有炮孔在装药前全部符合设计要求。一个爆区钻孔完成后应实施爆破。

8.1.11 在装药前应对第一排炮孔的最小抵抗线进行量测,对抵抗线偏小和断层、局部薄弱部位应采取调整措施。

8.1.12 装药应采用人工装药。作业时应严格按照技术交底的药量进行操作,装药误差不得大于装药质量的±2%,不应过度挤压或分散装药,数码雷管须按照炮孔编号装填,由专人检查并做好记录。

8.1.13 填塞材料宜采用钻屑、黏土、粗砂。填塞材料中不得含有碎石块和易燃材料。其性能要求黏性好,干湿适中。

8.1.14 在炮孔填塞过程中,与炸药密切接触的回填材料,不得用任何工具冲击挤压;当接近炮眼口部位时,应将填塞材料填紧、填实。

8.1.15 爆破网路连接宜由工程技术人员或有丰富施工经验的爆破工操作,其他无关人员应撤离现场。

8.1.16 采用电爆网路须进行合理分区,分区连接时应注意各个支路的电阻配平。网路连接完毕,应使用专用爆破参数测试仪器测试网路电阻,并与计算值比较,如有较大误差,应查明原因,排除故障,重新连接;采用非电爆破网路,应注意每排和每个炮孔的段别,宜划片有序连接,避免出错和漏连。

8.1.17 起爆前应检查起爆器是否完好正常,保证提供足够电能并能够快速充到爆破需求的电压值;连接主线前须对网路电阻进行检测;当警戒完成后,应再次测定网路电阻值,确定安全后,将主线与起爆器连接,等待起爆命令;起爆后及时切断电源,将主线与起爆器分离。

8.1.18 爆破后应由爆破工程技术人员和爆破安全员对爆破现场进行检查。检查完毕并确认安全后,方能发出解除警戒信号,允许其他施工人员进入爆破作业现场。

8.1.19 技术人员应在爆破 15 min 后,确保所有起爆药包均已爆炸及爆堆基本稳定后方可进入现场检查。

8.1.20 爆破后现场检查的主要内容有:
a) 确认现场有无盲炮;

b) 爆破爆堆是否稳定,有无危坡、危石;
c) 有无危险边坡、不稳定爆堆、滚石和超范围塌陷;
d) 最危险、最重要的保护对象是否安全;
e) 爆区附近有隧道涵洞和地下采矿场时,应对它们进行有害气体检查。

8.1.21 爆后检查发现有拒爆药包,应向现场指挥汇报,由有关人员作进一步检查;发现其他不安全因素时,不应发出解除警戒信号,应采取措施处理。

8.2 光面爆破和预裂爆破施工

8.2.1 光面(预裂)爆破工艺整体设计审批后,每次爆破均应作爆破施工技术设计,施工技术设计应包括以下内容:
a) 炮孔位置、编号、钻孔方向及倾斜角度与深度;
b) 炮孔的爆破技术参数;
c) 炮孔装药结构及填塞方法;
d) 起爆方法、起爆网路图;
e) 民用爆破器材用量;
f) 安全技术措施及所需防护材料用量;
g) 施工质量要求和注意事项。

8.2.2 光面(预裂)爆破炮孔装药结构设计应包括以下内容:
a) 光面(预裂)爆破的炮孔应采用不耦合装药,不耦合系数宜为2~5;
b) 光面(预裂)爆破宜采用普通炸药卷和导爆索制成药串进行间隔装药,也可用光面(预裂)爆破专用炸药卷进行连续装药;
c) 光面(预裂)爆破炮孔的整体装药结构宜分为底部加强装药段、正常装药段和上部减弱装药段,可将减弱装药段减少的药量和孔口填塞段应计药量移至加强装药段。减弱装药段长度宜为加强装药段长度的1~4倍。炮孔底部增加的装药量可按表1采用。

表1 光面(预裂)爆破炮孔底部加强装药段药量增加表

炮孔深度 L/m	<3	3~5	5~10	10~15	15~20
L_1/m	0.2~0.5	0.5~1.0	1.0~1.5	1.5~2.0	2.0~2.5
q_{y1}/q_y	1.0~2.0	2.0~3.0	3.0~4.0	4.0~5.0	5.0~6.0
q_{g1}/q_g	1.0~1.5	1.5~2.5	2.0~3.0	3.0~4.0	4.0~5.0

注:L_1为底部加强装药段长度,单位为米(m);q_{y1}为预裂爆破孔加强装药段线装药密度,单位为克每米(g/m);q_y为预裂爆破孔正常装药段线装药密度,单位为克每米(g/m);q_{g1}为光面爆破孔加强装药段线装药密度,单位为克每米(g/m);q_g为光面爆破孔正常装药段线装药密度,单位为克每米(g/m)。

8.2.3 光面(预裂)爆破钻孔前应严格做好崩塌滑坡灾害的处治测量放线,确定处治轮廓线,并做好钻机平台修建工作。平台应横向平整、纵向平缓。

8.2.4 钻机应按"对位准、方向正、角度精"三要点安装架设,确保钻孔精度。

8.2.5 钻孔作业应满足下列要求。
a) 钻机作业的基本要求
1) 须熟悉岩石性质,摸清不同岩层的凿岩规律;

2) 凿岩的操作要领：孔口要完整，孔壁要光滑，湿式凿岩时要调整好水量，掌握好岩浆浓度，保证排渣顺利；

3) 凿岩的基本操作方法：软岩慢打，硬岩快打。

b) 对钻机操作手的要求

1) 操作手应掌握操作要领，熟悉和了解设备性能、构造原理，合理使用机具；

2) 操作手应提高钻孔技术水平，保证钻孔准确性。

c) 钻孔技术要求

1) 钻孔前做好测量放线，标明孔口位置和孔底标高。地面起伏不平处应先予以平整，并根据平整后的地面调整炮孔深度，炮孔深度误差不得超过±2.5%；

2) 孔口位置偏差不得超过1倍炮孔直径；

3) 方向误差不得超过1°。

8.2.6 光面（预裂）爆破药包加工宜在现场进行，宜采用两种方法：一是将炸药装填于一定直径的硬塑料管内连续装药，在全管内装入一根导爆索，导爆索大于孔长1.0 m；二是将药卷与导爆索绑在一起再绑在竹片上，形成药串。

8.2.7 光面（预裂）爆破常采用不耦合装药结构，其示意图见图1。

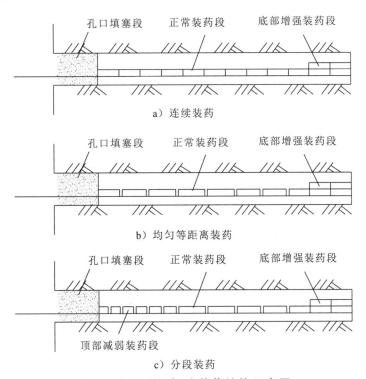

图 1 光面（预裂）孔装药结构示意图

8.2.8 炮孔装药前应按设计装药量、装药结构制作药串。药串加工完毕后需标明编号，并按药串编号送入相应的炮孔内。

8.2.9 使用竹片或木板条绑扎的药串，应使竹片或木板条贴靠在边坡侧的孔壁上。

8.2.10 炮孔装药前应对全部炮孔进行查验，吹净孔内残渣和积水，未排干积水的炮孔爆破器材应有防水措施。

8.2.11 光面（预裂）爆破宜采用人工装药，多人将加工好的药串轻轻抬起，慢慢地放入孔内，使用竹片一侧靠在保留区的一侧，药串到位后，用纸团等松软的物质盖在药柱上，然后用砂、岩粉等松散材料逐层填塞捣实。填塞时应保护好爆破引线,质量应符合设计要求。

8.2.12 光面(预裂)爆破导爆索起爆网路连接形式宜采用搭接、扭结和水手结。

8.2.13 光面(预裂)爆破规模大时,宜采用分段起爆。在同一时段内采用导爆索起爆,各段之间分别用毫秒雷管引爆。

8.2.14 崩塌滑坡灾害爆破治理基面上残留炮孔痕迹应均匀分布。崩塌滑坡灾害处理后基面稳定、无松动岩块,局部超欠挖应控制在±2%。节理裂隙不发育的岩体半孔率大于80%,节理裂隙发育的岩体半孔率大于50%,节理裂隙极发育的岩体半孔率大于20%。

8.3 静态破裂施工

8.3.1 静态破裂技术亦称静态破石技术,根据被破碎对象的材质、结构尺寸和破碎要求,宜采用普通型破裂剂和快速型破裂剂。

8.3.2 采用普通型破裂剂时,可按下列顺序进行施工:
  a) 按被破碎对象的岩性、结构尺寸和破碎要求,设计破裂参数和选用钻孔设备和钻孔工具。
  b) 按设计的破裂参数进行钻孔,钻孔深度应钻至崩塌滑坡灾害基面以下。
  c) 根据气温条件,正确选用破裂剂型号。
  d) 按设计时确定的水灰比计算用水量和破裂剂的用量,然后用100 mL带刻度的搪瓷量杯或玻璃量筒,量好所要求的水,倒入塑料桶或铁皮桶中,再将称量好的破裂剂倒入,然后用手持木棍或手提式搅拌机搅拌至均匀,搅拌时间宜为40 s~60 s,人工搅拌和施工时应戴防护眼镜和橡皮手套。
  e) 施工人员应按事先规划好的行走路线,在5 min~10 min以内将搅拌好的破裂剂浆体灌注入炮孔中,并装填密实。对于垂直炮孔可直接倾倒进去,对水平或倾斜炮孔,应采用砂浆泵把浆体压进孔内,然后用塞子堵口。
  f) 装填完浆体后,在夏季孔口应覆盖,以免发生喷孔;冬季,气温过低时,应采取保温和加温措施。

8.3.3 采用快速型破裂剂时,应满足下列规定:
  a) 对于快速破裂剂可根据气候条件和要求开裂时间,采用孔口热敏剂装药结构和分段间隔热敏剂装药结构。在间隔热敏剂装药时,其间隔长度可根据炮孔深度、气温条件和要求的开裂时间综合确定,也可通过实地试炮找出最合要求的间隔长度。
  b) 根据每孔装药量和装药结构,按顺序把药卷准备好,把容器装入清水,水深以足能浸没平放药卷为度。
  c) 把药卷按装药顺序一卷一卷平放入水中,每卷最好间隔3 s~10 s时间,以便与装孔作用时间相符,从第一卷入水瞬间计时。
  d) 浸水温度控制在25 ℃以下,浸水到2 min后,可按入水顺序一个个取出装入炮孔,每卷都用炮棍捣实。
  e) 装药施工时,须佩戴防护手套和防护眼镜,装药后1 h内,不得靠近孔口直视孔口,以防发生喷药迷入眼睛。如若迷入眼睛,应立即用水冲洗干净,再到医院用酸性药水冲洗。

8.3.4 采用具有腐蚀性的静力破碎剂作业时,灌浆人员须佩戴防护手套和防护眼镜。孔内注入破碎剂后,作业人员应保持安全距离,严禁在注孔区域行走。

8.3.5 静力破碎剂严禁与其他材料混放。

8.3.6 在相邻的两孔,严禁钻孔与孔内注入破碎剂同步施工。

8.3.7 当发生异常情况时,须停止静力破碎作业,查清原因并采取措施确保安全后,方可继续施工。
8.3.8 静力破碎施工过程中应进行安全检查,并认真填写检查记录表。对检查中发现的不符合规定的情况,应签发安全检查整改通知单,限期整改,并跟踪验证。

8.4 裸露药包施工

8.4.1 当崩塌滑坡灾害体不稳定或欠稳定,且环境条件容许[崩塌滑坡灾害体周围500 m范围内无建(构)筑物等]时,可采取裸露药包施工。
8.4.2 根据崩塌滑坡灾害体稳定性、规模和环境条件等情况,制定裸露药包施工方案,并经过专家评审后方可实施。

9 爆破监测

9.1 一般规定

9.1.1 崩塌滑坡灾害爆破治理工程施工监测应委托具有相应资质的第三方机构承担。
9.1.2 崩塌滑坡灾害爆破治理工程施工监测除应按《崩塌、滑坡、泥石流监测规范》(DZ/T 0221)、《爆破安全规程》(GB 6722)和设计文件的有关规定执行外,还应依据崩塌滑坡灾害体、周围环境、安全防护工程、爆破施工情况等确定与爆破安全有关的监测项目,编制爆破施工安全监测实施方案。
9.1.3 爆破施工监测应采取仪器监测和宏观调查相结合的方法。复杂环境爆破施工监测,宜采取仪表监测、巡视检查和宏观调查相结合的方法。
9.1.4 崩塌滑坡灾害爆破施工各项目的安全监测方法、监测频率、预警标准等宜按《崩塌滑坡灾害爆破治理工程设计规范(试行)》(T/CAGHP 036—2018)的相关条文执行。
9.1.5 监测仪器设备应满足高(低)温、防潮及防水、防尘等环境要求,并应按规定进行检定、校准和期间核查。
9.1.6 崩塌滑坡灾害爆破治理工程施工监测应满足下列要求:
  a) 测点应针对爆破施工安全要求进行监测点布置;
  b) 监测设备应满足精度要求,宜实现自动化监测;
  c) 监测设备的安装,应满足设计要求。
9.1.7 爆破安全监测资料应及时整理、分析并提交监测报告。对超标数据应立即汇报,并提出预警报告;当监测数据达到预警值时,应启动应急预案。
9.1.8 爆破施工监测作业应符合《爆破安全规程》(GB 6722)的规定。

9.2 监测方案

9.2.1 爆破工程监测前期工作应满足下列要求:
  a) 收集爆破工程设计、施工、爆区及监测对象所处地的地质、地形和静态观测资料;
  b) 依据爆破施工的具体情况,确定监测目的、监测项目、监测范围和监测时间;
  c) 进行实地勘察及社会调查。
9.2.2 爆破工程监测方案应包括监测项目、监测目的、测点布置、监测仪器设备数量及性能、监测实施进度、预期成果等内容。

9.3 现场调查与观测

9.3.1 对可能产生次生危害的岩土体结构构造及建(构)筑物须编制专项监控方案,并采取相应的监控措施。

9.3.2 爆破对保护对象可能产生危害时,应进行现场调查与观测。根据爆破类型,进行现场原状固化记录工作。

9.3.3 现场调查与观测宜采取爆破前后对比检测的方法,应包含下列内容:
a) 爆破前后被保护对象的外观变化;
b) 爆破前后爆区周围的岩土裂隙、层面变化;
c) 爆破前后爆区周围设置的观测标志变化;
d) 爆破振动、飞石、有害气体、粉尘、噪声、冲击波、涌浪等对人员、其他生物及相关设施等造成的影响。

9.4 质点振动监测

9.4.1 爆破质点振动监测包括质点振动速度监测和质点振动加速度的监测。

9.4.2 现场爆破振动监测应满足下列要求:
a) 应全面收集与爆破振动有关的工程参数;
b) 准确量测爆源与保护点的位置关系;
c) 合理选择监测仪器设备的设定参数,满足被测物理量的要求;
d) 应填写爆破振动监测记录表。

9.4.3 爆破振动监测测点布置应符合下列要求:
a) 爆破振动效应区应按设计要求布置测点数目,应在被保护对象具有代表性部位及其附近布置测点,测点数应不少于2个;
b) 爆破振动效应较大的区域内应布置较密的测点,相邻两测点距离变化宜呈对数规律,测点数应不少于5个;
c) 监测测点应统一编号并绘制测点布置图。

9.4.4 质点振动监测仪器设备应符合下列规定:
a) 传感器频带线性范围内应覆盖被测物理量的频率,可按表2对被测物理量的频率范围进行预估;

表2 被测物理量的频率范围   单位:Hz

监测项目	爆破类型	
	浅孔、深孔爆破	
质点振动速度	近区	30~500
	中区	10~200
	远区	2~100
质点振动加速度	0~1 200	

b) 记录设备的采样频率应大于被测物理量的上限主振频率的12倍;
c) 传感器和记录设备的测量幅值范围应满足被测物理量的预估幅值要求。

9.4.5 传感器的安装应符合下列规定:
a) 安装前应对测点及其传感器进行统一编号;
b) 应对传感器安装部位的介质表面进行清理、清洗;速度传感器与被测目标的表面形成刚性

连接;加速度传感器与介质连接时,所用螺栓应与标定时一致;
c) 应严格控制每一测点不同方向的传感器安装角度,误差不大于±5°。

9.4.6 根据保护对象的类型,应按爆破振动控制安全允许标准,对其安全性做出初步评价。

9.5 冲击波及噪声监测

9.5.1 爆破冲击波超压及噪声的测试宜采用专用的爆破冲击波和噪声测试仪器。

9.5.2 测点布置应符合下列规定:
a) 根据爆区位置和爆破参数等,确定爆破噪声保护对象区域方位,选择保护区域距爆区最近的位置或敏感建筑作为监测点;
b) 传感器的布置应选择在空旷的位置,距周围障碍物应大于1.0 m,距地面应大于1.5 m,宜固定在三脚架上。

9.5.3 监测后应填写爆破空气冲击波及噪声监测记录表。

9.5.4 爆破空气超压安全允许标准:对人员为2 000 Pa;在城镇中,爆破噪声声压级安全允许标准为120 dB,所对应的超压为20 Pa。

9.6 监测成果整理与分析

9.6.1 监测记录应完整,并应包括与监测项目相关的内容。

9.6.2 监测数据应及时进行处理,获得各测试量的峰值、对应的频率、时间等,并根据需要进行频谱分析。

9.6.3 应采用统计法提出监测量的传播规律,并随监测资料的累积适时修正,根据监测成果进行必要的安全评估。

9.6.4 当测试数据超过相应的控制标准时,应在24 h内报告相关部门。依据监测频率不同,以旬报或月报形式发送报告。现场监测工作结束后,应提交监测成果分析报告。

10 验收

10.1 崩塌滑坡灾害爆破治理工程施工验收时,应提交下列资料:
a) 崩塌滑坡灾害勘查报告、爆破治理施工图、图纸会审纪要或记录、崩塌滑坡灾害治理爆破工程施工勘查报告、设计变更等;
b) 经审定的施工组织设计、施工方案及执行中的变更评审报告;
c) 崩塌滑坡灾害爆破治理工程测量放线图及其签证单;
d) 爆破施工记录;
e) 崩塌滑坡灾害爆破治理工程竣工报告;
f) 崩塌滑坡灾害爆破治理工程监测方案、监测记录和记录表以及监测报告。

10.2 崩塌滑坡灾害爆破治理工程施工监测报告应包括下列内容:
a) 监测时间、地点、部位、监测人员、监测目的与内容;
b) 监测数据应包括监测环境平面图、监测指标和爆破参数;
c) 结果分析与建议。

10.3 崩塌滑坡灾害治理爆破工程交工验收应满足《地质灾害治理工程竣工验收规程》(T/CAGHP 083—2018)的相关要求。

附 录 A
（规范性附录）
常用爆破器材类型和性能

A.1 崩塌滑坡灾害爆破施工常用炸药有乳化炸药、铵油类炸药、水胶炸药等，其分类及品种可见表 A.1。

表 A.1 常用炸药的分类及其品种

炸药分类		炸药品种	备注
乳化炸药		露天乳化炸药	有有雷管感度、无雷管感度等品种
		岩石乳化炸药	有1号、2号等品种
		煤矿许用乳化炸药	有一级、二级、三级煤矿许用品种
		煤矿许用粉状乳化炸药	有一级、二级、三级煤矿许用品种
		硫化矿用乳化炸药	有耐低温、高密度、高威力、低爆速、高黏度乳化炸药等品种
铵油类炸药	粉状铵油炸药	岩石粉状铵油炸药	有1号、2号、3号、4号等品种
		抗水岩石粉状铵油炸药	—
	多孔粒状铵油炸药	多孔粒状铵油炸药	—
	重铵油炸药	乳化粒状铵油炸药	—
	改性铵油炸药	改性铵油炸药	有1号、2号等品种
	铵松蜡炸药	铵松蜡炸药	有1号、2号等品种
	铵沥蜡炸药	岩石铵沥蜡炸药	有露天、岩石、煤矿许用等品种
水胶炸药		岩石水胶炸药	有1号、2号等品种
		煤矿许用水胶炸药	有一级、二级、三级煤矿许用品种
		露天水胶炸药	有1号、2号等品种

A.1.1 乳化炸药是以氧化剂水溶液为分散相，以不溶于水、可液化的碳质燃料作连续相，借助乳化作用及敏化剂的敏化作用而形成的一种含水混合炸药。表 A.2 为国标规定的乳化炸药主要性能指标。

表 A.2 国标规定的乳化炸药主要性能指标

项目	性能指标							
	露天乳化炸药			岩石乳化炸药		煤矿许用乳化炸药		
	现场混装无雷管感度	无雷管感度	有雷管感度	1号	2号	一级	二级	三级
药卷密度/g·cm^{-3}	—	—	0.95～1.25	0.95～1.30		0.95～1.25		

表 A.2 国标规定的乳化炸药主要性能指标(续)

项目	性能指标							
	露天乳化炸药			岩石乳化炸药		煤矿许用乳化炸药		
	现场混装无雷管感度	无雷管感度	有雷管感度	1号	2号	一级	二级	三级
炸药密度/g·cm^{-3}	0.95~1.25	1.00~1.35	1.00~1.25	1.00~1.35		1.00~1.25		
爆速/m·s^{-1}	≥4.2×10^3	≥3.5×10^3	≥3.2×10^3	≥4.5×10^3	≥3.5×10^3	≥3.2×10^3		
猛度/mm	—	—	≥10.0	≥16.0	≥12.0	≥10.0	≥10.0	≥8.0
殉爆距离/cm	—	—	≥2	≥4	≥3	≥2	≥2	≥2
作功能力/mL	—	—	≥240	≥300	≥260	≥220	≥220	≥210
摩擦感度/%	—	爆炸概率≤8%						
撞击感度/%	—	爆炸概率≤8%						
热感度	—	不燃烧、不爆炸						
爆炸后有毒气体含量/L·kg^{-1}	—			≤60				
抗爆燃性	—			—		合格		
可燃气安全度	—			—		合格		
使用保证期/d	15	30	120	180		120		

A.1.2 铵油类炸药是一种无梯炸药。集中常见的铵油类炸药性能指标可见表 A.3。

表 A.3 常见铵油类炸药的性能指标

项目	性能指标				
	粉状铵油炸药			多孔粒状铵油炸药	
	1号铵油炸药	2号铵油炸药	3号铵油炸药	包装产品	混装产品
药卷密度/g·cm^{-3}	0.9~1.0	0.8~0.9	0.9~1.0	—	—
水分含量/%	≤0.25	≤0.80	≤0.80	≤0.30	—
爆速/m·s^{-1}	≥3 300	≥3 800	≥3 800	≥2 800	≥2 800
爆力/mL	≥300	≥250	≥250	≥278	—
猛度/mm	≥12	≥18	≥18	≥15	≥15
殉爆距离/cm	≥5	—	—	—	—
使用有效期/d	—	—	—	60	30

A.1.3 水胶炸药是以硝酸铵为主要敏化剂的含水炸药。表 A.4 为国标规定的水胶炸药的主要性能指标。

表 A.4 水胶炸药主要性能指标

项目	性能指标					
	岩石水胶炸药		煤矿许用水胶炸药			露天水胶炸药
	1号	2号	一级	二级	三级	
炸药密度/g·cm^{-3}	1.05~1.30		0.95~1.25			1.15~1.35
殉爆距离/cm	≥4	≥3	≥3	≥2	≥2	≥3
爆速/m·s^{-1}	≥4.2×10^3	≥3.2×10^3	≥3.2×10^3	≥3.2×10^3	≥3.0×10^3	≥3.2×10^3
猛度/mm	≥16.0	≥12.0	≥10.0	≥10.0	≥10.0	≥12.0
作功能力/mL	≥320	≥260	≥220	≥220	≥180	≥240
爆炸后有毒气体含量/L·kg^{-1}	≤80					—
可燃气安全度	—		合格			—
摩擦感度/%	爆炸概率≤8%					
撞击感度/%	爆炸概率≤8%					
热感度	不燃烧、不爆炸					
使用保证期/d	270		180			180

A.2 崩塌滑坡灾害爆破治理工程施工起爆器材主要有雷管、导爆索。

A.2.1 崩塌滑坡灾害爆破治理工程施工用雷管宜采用电雷管、导爆管雷管等,其性能应符合现行产品系列的相关要求。

  a) 电雷管是利用电点火元件点火起爆的雷管,按通电后延期起爆时间不同以及是否允许用于有瓦斯或煤尘爆炸危险的作业面,可按表 A.5 进行分类。

表 A.5 电雷管分类

电雷管	瞬发电雷管	普通瞬发电雷管	
		煤矿许用瞬发电雷管	
	延期电雷管	普通延期电雷管	秒延期电雷管
			半秒延期电雷管
			1/4秒延期电雷管
			毫秒延期电雷管
		煤矿许用毫秒延期电雷管	1~5段毫秒延期电雷管

  b) 导爆管雷管是利用导爆管传递的冲击波能直接起爆的雷管,按其抗拉性能分为普通型导爆管雷管和高强度型导爆管雷管;按延期时间分为毫秒延期导爆管雷管、1/4秒延期导爆管雷管、半秒延期导爆管雷管和秒延期导爆管雷管。

A.2.2 导爆索又称传爆索。根据导爆索的应用环境,导爆索可按表 A.6 进行分类。

表 A.6 导爆索分类

		普通导爆索
导爆索	露天导爆索	高抗水导爆索
		强起爆力导爆索
		低能导爆索
	安全导爆索（应用于有矿尘和瓦斯的井下爆破）	

附 录 B
（规范性附录）
起爆网路敷设图

B.1 电力起爆网路由电雷管、导线、起爆电源等组成，主要有串联（图B.1）、并联（图B.2）和混合联［串并联（图B.3）、并串联（图B.4）、并串并联（图B.5）］3种形式。

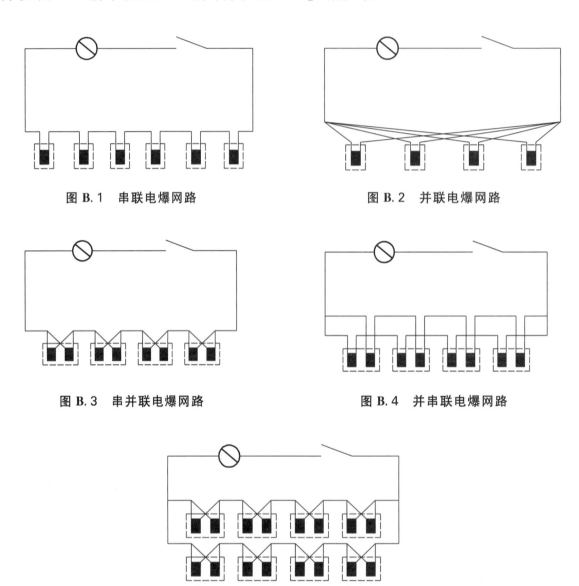

图 B.1 串联电爆网路

图 B.2 并联电爆网路

图 B.3 串并联电爆网路

图 B.4 并串联电爆网路

图 B.5 并串并联电爆网路

B.2 导爆管起爆网路由导爆雷管、导爆管、塑料四通接头和击发元件组成，可采用导爆管接力起爆网路（图 B.6）、导爆管复式接力起爆网路（图 B.7）、导爆管交叉复式接力起爆网路（图 B.8）和导爆管双复式交叉接力起爆网路（图 B.9）。

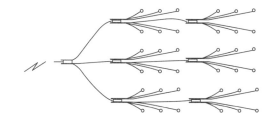
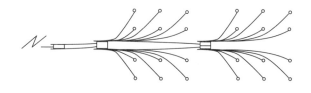

图 B.6 导爆管接力起爆网路示意图　　　图 B.7 导爆管复式接力起爆网路示意图

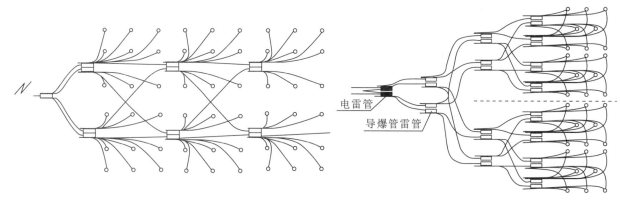

图 B.8 导爆管交叉复式接力起爆网路示意图　　图 B.9 导爆管双复式交叉接力起爆网路示意图

B.3 导爆索网路由导爆索、继爆管和雷管组成，其中导爆索包括主干索、支干索和引入炮眼中的导爆索，其连接方式可分为开口延时起爆网路和环形延时起爆网路（图 B.10）。

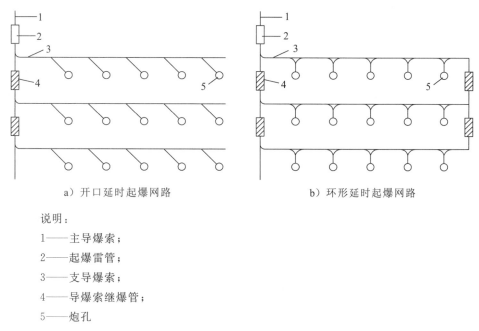

a) 开口延时起爆网路　　　　b) 环形延时起爆网路

说明：
1——主导爆索；
2——起爆雷管；
3——支导爆索；
4——导爆索继爆管；
5——炮孔

图 B.10 导爆索起爆网路

附 录 C
（规范性附录）
人员配备要求

C.1 崩塌滑坡灾害爆破治理工程施工包括钻孔、装药、填塞、网路敷设和警戒、起爆等工序。爆破工程项目现场作业施工人员数量配备应符合中华人民共和国《民用爆炸物品安全管理条例》、《爆破作业单位资质条件和管理要求》(GA 990)、《爆破作业项目管理要求》(GA 991)、《爆破安全规程》(GB 6722)等的相关规定。

C.2 爆破现场人员数量配备应满足：
  （1） 每个爆破工程施工现场应配备至少1名相应级别和从业范围的爆破工程技术人员；
  （2） 每个爆破工程施工现场应配备至少1名安全员、2名爆破员和1名保管员。

C.3 爆破员配备数量与工程类别、一次爆破的炸药和雷管使用量相关，其数量配备应满足以下要求。

  a) 地下爆破工程及露天浅孔爆破工程
    1) 一次爆破的炸药量小于等于100 kg和雷管量小于100发时，爆破员数量应不少于2名；
    2) 一次爆破的炸药量大于100 kg、雷管量大于100发时，每增加100 kg炸药量或100发雷管量，应至少增派1名爆破员。

  b) 露天深孔爆破工程
    1) 一次爆破的炸药量小于等于500 kg时，爆破员数量应不少于2名；
    2) 一次爆破的炸药量500 kg~1 500 kg时，爆破员数量应不少于3名；
    3) 一次爆破的炸药量多于1 500 kg时，爆破员数量应不少于4名；此后炸药量每增加1 000 kg，应增派1名爆破员。

C.4 安全员的数量主要根据爆破员数量和作业面个数配备，其数量配备应满足：爆破员数量小于4人且在同一作业面工作时，可配备1名安全员；每增加3名爆破员或每增加1个作业面时，应增派1名安全员。

附 录 D
（规范性附录）
机械配备要求

D.1 崩塌滑坡灾害爆破治理工程施工设备主要包括钻孔、挖装、运输、空压机和辅助设备，应根据工程需要、作业环境条件、设备性能和经济效益等综合因素进行选型和组合配套。

D.2 崩塌滑坡灾害爆破治理工程施工设备选型配套应遵循以下基本原则：
  a) 选用的设备应与施工组织设计确定的施工方案和工艺流程相适应，设备的生产能力应满足工程施工进度、质量、安全、环保的需要。
  b) 选用的设备应满足道路、作业面、地质条件等环境条件要求。
  c) 设备配套方案中，应先明确主导设备、配属设备和辅助设备，主导设备、配属设备和辅助设备性能参数要相匹配。主导设备生产能力确定后，配属设备生产能力宜略大于主导设备的生产能力；辅助机械的数量除满足生产强度需要外，还要满足布置部位的要求。
  d) 设备配套方案应进行多方案技术经济比较，选择经济效益最好、投入最少的方案。
  e) 同一工地设备品牌、型号不宜过多。
  f) 在条件许可的情况下应利用已有设备，新购设备应兼顾今后类似工程的需要。

D.3 崩塌滑坡灾害爆破治理工程施工设备选型配套宜参考以下方法进行：
  a) 依据爆破工程量、爆破方法和工期要求，确定施工强度；
  b) 根据施工强度和具体施工条件，初选主要机械设备的型号、规格和配套机械的组合方案；
  c) 计算各种配套机械的生产效率和需要数量时，应考虑各工序之间的衔接和各工作面之间的综合平衡。